SITZUNGSBERICHTE DER SÄCHSISCHEN AKADEMIE DER WISSENSCHAFTEN ZU LEIPZIG

Mathematisch-naturwissenschaftliche Klasse
Band 111 · Heft 4

KURT SCHWABE

ANALYTISCHE PROBLEME DES UMWELTSCHUTZES

AKADEMIE-VERLAG · BERLIN
1975

SITZUNGSBERICHTE DER SÄCHSISCHEN AKADEMIE
DER WISSENSCHAFTEN ZU LEIPZIG

Mathematisch-naturwissenschaftliche Klasse
Band 111 · Heft 4

KURT SCHWABE

ANALYTISCHE PROBLEME DES UMWELTSCHUTZES

Mit 9 Abbildungen und 2 Tabellen

AKADEMIE-VERLAG · BERLIN
1975

Vorgetragen in der Sitzung vom 18. Juni 1973
Manuskript eingeliefert am 14. Juni 1974
Druckfertig erklärt am 18. Dezember 1974

Erschienen im Akademie-Verlag, 108 Berlin, Leipziger Straße 3—4

Lizenznummer: 202 · 100/560/75
Gesamtherstellung: VEB Druckhaus „Maxim Gorki", 74 Altenburg
Bestellnummer: 762 086 4 (2027/111/4) · LSV 1235
Printed in GDR
EVP 3,50

INHALT

1. Einleitung

Der Mensch gestaltet seine Umwelt selbst, soweit sie nicht durch klimatische Bedingungen und ihre biologischen Folgen seit Jahrtausenden vorgegeben ist. Wenn wir heute von Umweltschutz oder Umweltgestaltung sprechen, dann meinen wir diese natürlichen Bedingungen nur insofern, als wir uns bemühen, sie wieder herzustellen, sie aber nicht zu verändern. Man könnte nun erwarten, daß der Mensch als vernunftbegabtes Wesen immer nur bestrebt war und ist, die Umwelt, wenn überhaupt, so zu verändern, daß sein Leben weniger gefährdet und angenehmer wird. Tatsächlich ist das nie völlig systematisch und konsequent angestrebt worden. Mit dem Wachstum der menschlichen Siedlungen zu Städten haben zwar immer mehr Menschen Schutz vor den Unbilden der Witterung erhalten, aber gleichzeitig hat der konzentrierte, nicht gesteuerte Anfall von Abprodukten zur sehr lästigen Vermehrung von Schädlingen und zur Ausbreitung von Seuchen geführt. Heute bietet die rapide Urbanisierung in allen Staaten der Erde vielen Menschen zwar angenehmere Arbeitsbedingungen, aber ihre Gesundheit wird durch Luft- und Wasserverunreinigungen, durch Geräuschbelästigungen und Verkehrsunfälle ungleich viel stärker gefährdet als bei einem Leben auf dem Lande. Da spätestens im Jahre 2000 der Anteil der Stadtbevölkerung in der Welt dem der Landbevölkerung überwiegen wird, während heute noch etwa 60% mehr Menschen auf dem Lande leben, werden über 3000 Millionen Menschen diesen ungünstigeren Lebensbedingungen ausgesetzt sein. Die Entwicklung der industriellen Technik der letzten 100 Jahre hat dazu geführt, daß wir auf Jahre hinaus damit beschäftigt sein werden, die in Luft und Gewässer emittierten Schadstoffe zu ermitteln und von Mensch, Tier und Pflanze fernzuhalten. Gleichzeitig darf man die durch frühere Generationen geschaffenen Umweltprobleme nicht außer Acht lassen. Eine Umweltgestaltung, die von vornherein alle Belastungen unserer Biosphäre vermeidet und unsere Lebensbedingungen optimiert, kann angesichts der bereits geschaffenen Situation nur ein Fernziel sein, dem eine im friedlichen Wettstreit vereinte Menschheit mit all ihrer Vernunft und schöpferischen Aktivität zustrebt.

2. Schadstoffemissionen der Zivilisation

Wir verändern unsere Umwelt natürlich auch, indem wir ihr lebensnotwendige Stoffe ständig entziehen, z. B. Sauerstoff aus der Luft oder die verschiedenen Rohstoffe aus dem Erdboden. Obwohl dadurch mindestens in Zukunft die Existenz der Menschheit ebenso gefährdet werden kann wie durch Emissionen, soll hier nur von der Schadstoffemission und ihrer analytischen Erfassung die Rede sein, nicht von ihrer Beseitigung.

Um festzustellen, welche Stoffe in Atmosphäre, Wasser und Boden für die belebte Welt und damit auch für den Menschen schädlich sind, müssen wir ihren Gehalt in diesen Bereichen unserer Umwelt kennen, d. h., wir brauchen qualitative Nachweis- und quantitative Analysenmethoden für die Schadstoffe. Der Umfang dieser analytischen Aufgaben wird natürlich dadurch bestimmt, welche Produkte menschlicher, nicht nur industrieller Tätigkeit emittiert werden und inwieweit sie schädlich sind. Selbst diesen Umfang festzustellen, stößt schon auf große Schwierigkeiten, die bereits zum Teil von ungelösten analytischen Problemen herrühren. Einerseits ist nicht bekannt, welche Stoffe emittiert werden, weil noch keine Methoden für ihre Spurenbestimmung zur Verfügung stehen oder niemand mit ihrer Emission und Umweltschädigung rechnet. Andererseits sind die Konzentrationen nicht genügend genau bekannt, die bei einer Kurzzeitbelastung und erst recht bei Dauerbelastung zu Schädigungen der Gesundheit oder des Pflanzenwachstums führen. Dabei können auch wieder analytische Probleme die Ursache der Unkenntnis sein, z. B. wenn es bisher keine Methode gibt, die die Bestimmung der betreffenden Stoffe oder ihrer Umwandlungsprodukte in kleinsten Mengen im Organismus gestattet. Man kann geradezu sagen, daß die Schadwirkung der Stoffe am besten untersucht ist, wenn dafür die genauesten Methoden zur Spurenbestimmung erarbeitet worden sind.

Daß die Unkenntnis über die Emission eines gefährlichen Stoffes andere, harmlosere und für unsere Gesundheit und Ernährung wichtige Stoffe in Mißkredit bringen kann, hat kürzlich JENSEN [1] für ein Produkt (Polychlorbiphenyl PCB) gezeigt, das in der elektrotechnischen Industrie eingesetzt wird. Es ist sehr toxisch, chemisch und biologisch äußerst resistent und analytisch schwer zu bestimmen und von DDT zu unterscheiden. Das DDT ist natürlich, wenn es sehr oft inkorporiert wird, auch nicht unschädlich. Es wird aber sehr rasch abgebaut und wenn es nur in den zur Schädlingsbekämpfung erforderlichen Mindestmengen angewendet wird, scheinen lebensbedrohende Inkorporationen fast ausgeschlossen, andererseits hat es bereits viele Millionen Menschen vor der Malaria bewahrt und trug wesentlich dazu bei, die riesigen Lebensmittelverluste durch Schadinsekten erheblich herabzusetzen. Ob es gelingt, rasch einen völlig harmlosen Ersatz zu vertretbaren Herstellungskosten zu finden, erscheint fraglich.

Die Festlegung maximal zulässiger Konzentrationen der Stoffe in der Luft oder in den Gewässern erfordert langwierige, sehr schwierige biologische und medizinische Untersuchungen. Die Speicherung der Stoffe im Organismus und die erst nach einer bestimmten Anreicherung auftretenden Schädigungen erschweren die Untersuchungsbedingungen. Für einen großen Teil der emittierten Stoffe ist noch nicht bekannt, ob sie Mutationen oder genetische Schäden hervorrufen. Von manchen Biologen wird die Auffassung vertreten, daß es eine exakte untere Grenze der verträglichen Menge eines Schadstoffes prinzipiell nicht gibt, wobei auch die enorm großen individuellen Unterschiede in der Verträglichkeit diese Auffassung unterstützen. Hinzu kommt, daß Akkumulationen von Schadstoffen in Pflanzen und Tieren stattfinden können. Wenn diese Pflanzen oder Tiere zur menschlichen Ernährung dienen, so inkorporiert man unter Umständen Mengen dieser Schadstoffe, die weit über der direkten Immissionskonzentration liegen. So sind in Japan schwere Erkrankungen dadurch aufgetreten, daß Fische Quecksilber aus den Abwässern von Fabriken, die quecksilberhaltige Fungizide herstellen, angereichert haben. Nach Genuß der Fische mit einem hohen Gehalt an Alkylquecksilberverbindungen sind zahlreiche schwere Erkrankungen, z. T. mit tödlichem Ausgang, zu verzeichnen. Das Quecksilber reichert sich schon in den Algen an, die dann von den Fischen verzehrt werden. Besonders stark ist die Anreicherung von langlebigen Radionukliden (Sr 90) in Algen, wobei ein Anreicherungsfaktor von $3{,}0 \cdot 10^5$ erreicht werden kann. In Eiern von Wildenten ist sogar ein Faktor von ca. $1{,}5 \cdot 10^6$ möglich. Wenn in Zukunft die Kernenergieerzeugung und die Anwendung von Radionukliden stark zunimmt, so konnen dadurch auch bei einer Entseuchung der Abwässer unter die zulässige Radioaktivitätsgrenze gesundheitsschädigende Inkorporationen von gefährlichen Radionukliden auftreten.

Natürlich kann man aber nicht verlangen und erreichen, daß der Schadstoffgehalt in der Luft und den Gewässern Null ist, zumal andererseits auch der Gewöhnung Beachtung zu schenken ist. Daher sind für eine Reihe von weitverbreiteten und gut untersuchten Schadstoffen maximal zulässige Konzentrationen bei Dauerbelastung und bei Kurzzeitemission z. T. schon international festgelegt worden. Sowohl die Werte für Dauerimmission (Mik_b-Werte) wie die für Kurzzeitimmission (Mik_k-Werte), die bisher vorgeschlagen bzw. festgelegt worden sind, können aber nicht dogmatisch angesehen werden, sondern müssen immer dem jeweiligen Stand der biologischen und medizinischen Kenntnis der Schadwirkung angepaßt werden. Diese Korrektur wird im allgemeinen zu einer Herabsetzung der Toleranzgrenzen führen. In den Tab. 1 und 2 sind einige solcher Grenzwerte aufgeführt.

Tabelle 1: Grenzwerte für Abwasserinhaltsstoffe

Inhaltsstoffe Bezeichnung	Einheit	Grenzwerte für Abwasserinhaltsstoffe in Oberflächengewässern für die Güteklassen		
		I	II	III
Ammonium NH_4^+	mg/*l*	< 0,1	< 3,0	< 10,0
Zink Zn^{++}	mg/*l*	< 0,01	< 0,1	< 3,0
Cadmium Cd^{++}	mg/*l*	< 0,005	< 0,03	< 0,2
Kupfer Cu^{++}	mg/*l*	< 0,01	< 0,1	< 0,3
Nickel Ni^{++}	mg/*l*	< 0,01	< 0,1	< 0,2
Quecksilber $Hg^{+/++}$	mg/*l*	< 0,005	< 0,01	< 0,02
Chromat Cr(VI)	mg/*l*	< 0,05	< 0,1	< 0,1
Cyanid CN^-	mg/*l*	< 0,01	< 0,02	< 0,1
aktives Chlor Cl_2 oder andere Oxydationsmittel	mg/*l*	0,00	< 0,01	< 0,05
Sulfit SO_3^{--}	mg/*l*	0,00	< 0,01	< 0,05

Der Vollständigkeit halber müssen als sehr störende Faktoren für vernünftige Umweltbedingungen der Schall, die Vibration und die Strahlung radioaktiver Substanzen genannt werden. Gegenwärtig beeinträchtigt der Lärm als nichtmaterieller Einfluß in zunehmendem Maße das Wohlbefinden der Menschen. Die auftretenden Gehörschäden resultieren einmal aus kurzzeitigen, sehr hohen Schalldruckspitzen (Explosionen u. a.) und führen zu irreversiblen Vertäubungen und zum anderen aus langzeitigen Lärmbelästigungen, die Nervenschäden im Innenohr zur Folge haben. Außer diesen Gehörschäden können auch schon bei niedrigen, langzeitigen Geräuschpegeln Gesundheitsschäden anderer Organe auftreten, die im wesentlichen noch unbekannt sind bzw. keinen eindeutigen Zusammenhang mit Lärmbelästigungen erkennen lassen.

Die objektive Messung bleibt daher als einzige Möglichkeit, die Lärmbelastung zu erfassen und daraus Maßnahmen zur Lärmbekämpfung abzuleiten.

Tabelle 2: Grenzwerte für Luftverunreinigungen

Bezeichnung der Schadstoffe	Kurzzeitgrenzwerte MIK_K [mg/m^3]	Dauergrenzwerte MIK_D [mg/m^3]
Acrolein	0,02	0,01
Ammoniak	0,3	0,1
Anilin	0,05	0,03
Benzin (aus Erdöl mit geringem S-Gehalt), berechnet als C	5,0	1,5
Blei und seine Verbindungen, berechnet als Pb	Werte liegen nicht vor	0,0007
Chlorwasserstoff	0,050	0,015
Cyanwasserstoff	0,015	0,005
Gasförmige Fluorverbindungen	0,020	0,005
(HF, SiF_4)		1,0
Kohlenmonoxid	3,0	0,005
Nitrobenzol	0,010	
Phenol	0,03	0,01
Quecksilber	—	0,0003
Schwefelkohlenstoff	0,030	0,003
Schwefeldioxid	0,50	0,15
Schwefelwasserstoff	0,015	0,008
Stickoxide, berechnet als NO_2	0,10	0,04
Tetrachlorkohlenstoff	4,0	2,0

In den weiteren Ausführungen bleiben die Umweltfaktoren Schall, Vibration und Strahlung unberücksichtigt.

3. Anforderungen an die Analysenmethoden

Die Bestimmung der Emissionen aus Produktionsanlagen ist insofern unproblematisch als im allgemeinen bekannt sein wird, mit welchen Stoffen in einem Betrieb zu rechnen ist und die Konzentrationen in einem analytisch noch gut erfaßbaren Bereich liegen werden. Erst durch die Verdünnung mit Luft oder Wasser sinken die Konzentrationen auf Werte, die mit den meisten konventionellen Methoden nicht mehr direkt bestimmbar sind. Emissionen aus Haushalten, z. B. den Öfen oder den Spülwässern, sind natürlich einzeln nicht mehr zu kontrollieren, sondern nur global nach Verdünnung, z. B. in der Luft über einer Großstadt oder im Vorfluter. Diese Emissionen tragen erheblich zur Umweltverschmutzung bei; sie vergrößern die Immissionen.

Wie die *Mik*-Werte deutlich machen, sind damit hohe Anforderungen an die Empfindlichkeit der analytischen Methoden zur Bestimmung der Immission gestellt. Dazu kommt, daß sie möglichst spezifisch sein sollen, um nur die Stoffe zu erfassen, deren Immissionskonzentration bestimmt werden soll. Wenn sie nicht nur Augenblickswerte liefern, sondern über beliebig lange Zeiten an bestimmten Stellen die Immissionsbelastung erfassen sollen, müssen sich die analytischen Methoden zur Registrierung der Meßwerte und Einspeisung in Computer zur automatischen Auswertung eignen. Unterliegen die Immissionswerte großen lokalen Schwankungen, so müssen sehr viele Meßstellen eingerichtet werden, um ein genaues Bild über die Verteilung der Verunreinigungen, vor allem der Luft, zu erhalten. Es ist daher aus ökonomischen Gründen wünschenswert, wenn der Meßplatz nicht sehr kostspielig ist. Die Wirtschaftlichkeit läßt sich auch dadurch verbessern, daß das Analysengerät mehrere Schadstoffe zu bestimmen gestattet. Wenn die lokalen Schwankungen nicht zu groß sind, wohl aber die zeitlichen, dann sind Geräte vorteilhaft, die Mittelwerte über größere Bereiche erfassen. Wichtig ist in jedem Fall, daß die Geräte möglichst zuverlässig und wartungsfrei arbeiten, da Arbeitskräfte für solche „unproduktive“ Aufgaben nur in sehr beschränktem Umfang zur Verfügung stehen. Andererseits hat durch die Umweltüberwachung die meßtechnische Industrie lohnende Aufgaben erhalten. Allein in den USA sind 1970 solche Geräte im Werte von 500 Millionen Dollar produziert worden.

4. Ausgewählte Meßverfahren

4.1. Anreicherungsverfahren

Da, wie wir gesehen haben, die *Mik*-Werte zum Teil die Bestimmung von Konzentrationen fordern, für die z. Z. keine analytischen Methoden bekannt sind, muß man in solchen Fällen Anreicherungsverfahren anwenden. Dazu stehen genügend sorgfältig ausgearbeitete Methoden zur Verfügung. Hierzu gehören die Adsorption und Extraktion, die z. B. in der Form der Chromatographie bereits in der Analytik des Umweltschutzes ausgedehnte Anwendung finden. Der Vorteil der chromatographischen Methoden besteht darin, daß man mehrere Stoffe gleichzeitig anreichern und bestimmen kann. Häufig kombiniert man den Gaschromatographen mit einem Massenspektrometer, um die angereicherten Schadstoffe identifizieren zu können. Die Verfahren lassen sich auch zur laufenden Überwachung der Luftverunreinigung verwenden.

Ein anderes Anreicherungsverfahren sei noch erwähnt, das sich vor allem für die Bestimmung von toxischen Metallionen in Gewässern eignet. Auch Metalldämpfe oder -stäube können dadurch angereichert werden, daß man sie in wäßrigen Lösungen unter Umwandlung in die entsprechenden Salze absorbiert. Man scheidet das Metall an einem Quecksilbertropfen katodisch ab und erhält dadurch eine Anreicherung um mehrere Größenordnungen. Die Bestimmung erfolgt durch die Elektrizitätsmenge (Ladungsmenge), die zur anodischen Auflösung benötigt wird (anodic stripping coulometrie). Man kann auf diese Weise noch 10^{-9} bis 10^{-10} g Blei, Cadmium usw. bestimmen.

4.2. Prinzipien der Analysenverfahren

Zur kontinuierlichen Bestimmung von Schadstoffen eignen sich in erster Linie physikalisch-chemische Analysenverfahren, bei denen sich leicht die Information in eine elektrische Meßgröße umwandeln läßt. Diese Größe kann je nach Art der Auswertung beliebig weiterverarbeitet werden.

4.2.1. Optische Verfahren

Für die Bestimmung von Schadstoffen in der Luft aber auch im Wasser werden in großem Umfang optische Methoden eingesetzt. In erster Linie bedient man sich der Absorption infraroter oder auch ultravioletter Strahlung durch die Schadstoffe, weil sie durch die für jede Molekülart verschiedenen Absorptionsmaxima gut identifiziert werden können. Die hohe Selektivität spektralphotometrischer Verfahren wird wohl von keiner anderen Methode übertroffen. Sie sind allerdings recht aufwendig, weil auch die Umwandlung des optischen Signals in ein elektrisches nicht einfach ist. Die Empfindlichkeit ist dann ausreichend, wenn genügend leistungsfähige Strahlendetektoren zur Verfügung stehen, ein Problem, das mindestens für den ultravioletten Bereich noch nicht befriedigend gelöst ist.

Die Bestimmung von feinsten festen oder flüssigen in der Luft dispergierten Teilchen (Aerosole) läßt sich auf verschiedene Weise durchführen, z. B. durch Filtration und anschließende Analyse der abgeschiedenen Stoffe. Eine grobe Information ergibt schon die Lichtschwächung. Die Analyse der Aerosole soll hier nicht näher behandelt werden. Ihre besondere Gefährlichkeit soll nur durch die sogenannte „smog“-Katastrophe in London belegt werden. Im Dezember 1952 starben an dem dichten Nebel Londons, eben dem Smog, 4000 Menschen und in den nächsten drei Monaten 8000. Inzwischen sind in England energische Maßnahmen zur Reinhaltung der Luft eingeleitet worden. Immerhin starben im Dezember 1962 nochmals 750 Menschen an dem Londoner Smog.

Sehr niedrige Konzentrationen in der Luft, aber auch in Wasser, können auch mit Interferometern bei einem genügend langen Lichtweg in Luft (z. B. 1 km in einer 9-m-Zelle) bis 10^{-9} (ppb) bestimmt werden. Die Interferenzspektroskopie mit einem Michelsoninterferometer liefert zwar sehr viel rascher Meßwerte als die normale Spektralphotometrie, aber der Aufwand ist sehr hoch und eine kontinuierliche Registrierung des Gehaltes an den betreffenden Verunreinigungen schwierig.

4.2.2. Elektrochemische Verfahren

Für eine Reihe von Verunreinigungen in Wasser und Luft lassen sich auch elektrochemische Methoden anwenden. Sie sind nicht so selektiv wie die optischen Methoden, liefern aber direkt elektrische Größen, die sich ohne Umwandlung leicht verarbeiten lassen. Um nur die gesuchte Verunreinigung zu erfassen, kann man alle anderen störenden Substanzen durch geeignete Adsorptionsmittel oder chemische Umsetzung von der elektrochemischen Meßzelle fernhalten und so die geringere Selektivität kompensieren.

4.2.2.1. Potentiometrie

Wenn die Verunreinigung an einem Elektrodengleichgewicht beteiligt ist, z. B. $H^+ + e^- = 1/2\,H_2$, dann kann man die Potentialdifferenz der betreffenden Elektrode gegen eine Bezugselektrode mit konstantem Potential zur direkten Anzeige der betreffenden Verunreinigung verwenden. Da die Potentialdifferenz dem Logarithmus der Konzentration proportional ist (Proportionalitätsfaktor 59 mV/$\Delta C = 10/1$), so eignet sich die potentiometrische Methode für sehr kleine Konzentrationen, wenn keine hohe Genauigkeit verlangt wird. Für die Lebensbedingungen in Flußläufen und anderen Gewässern ist ihre Azidität, gemessen durch den pH-Wert, das ist der negative dekadische Logarithmus der Wasserstoffionenaktivität, entscheidend. Dieser Wert wird seit Jahren potentiometrisch mit Glaselektroden, die Wasserstoffionen im Bereich von 10^{-14} bis 1 Val/l indizieren, gemessen, registriert und in Abwässern geregelt [2]. Heute stehen zwar außer den pH-Elektroden sehr viele ionensensitive Elektroden zur Verfügung (z. B. für Cl^-, S^{--}, NO^-_3). Ihre Selektivität ist aber im allgemeinen nicht ausreichend und Linearität zwischen Spannung und lg c besteht nur bis etwa -10^{-5} Mol/l. Abb. 1 zeigt das Prinzip einer potentiometrischen Meßanordnung.

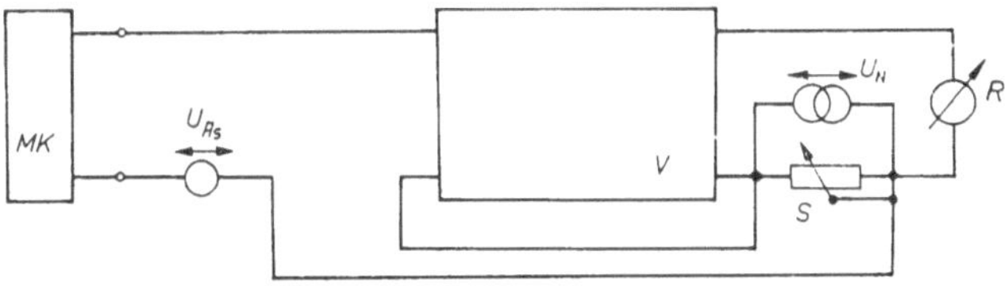

Abb. 1: Prinzipschaltung einer pH-Meßanordnung

V — Modulationsverstärker integrierter Operationsverstärker
MK — pH-Meßkette
U_{As} — Asymmetriepotentialkorrektur
U_N — Nullpunkteinstellung
S — Korrektur der Steilheit
R — Registriereinrichtung

4.2.2.2. Bestimmung der Leitfähigkeit

Durch Dissoziation von Säuren, Laugen und den meisten Salzen in Ionen entstehen leitende Lösungen. Je höher die Ionenkonzentration, um so besser ist die Leitfähigkeit. Daher ist diese Aussage eine nichtspezifische Information. Die Leitfähigkeitsmessung wird u. a. bei entsprechenden Vorselektionsmaßnahmen zur Bestimmung des SO_2-Gehaltes der Luft herangezogen, wobei das Schwefeldioxid vorher zu Schwefelsäure oxidiert und deren Leitfähigkeit zur Messung der SO_2-Konzentration in der Luft dient [3].

4.2.2.3. Coulometrie

Die zur elektrochemischen Oxydation oder Reduktion eines Schadstoffes benötigte Ladungsmenge ist ein sehr genaues Maß der Konzentration; für ein Äquivalent eines Stoffes werden fast 10^5 Amperesekunden (As) benötigt. Theoretisch kann man mit der Coulometrie ohne weiteres 10^{-12} Äquivalente bestimmen.

Wenn man die elektrochemische Reaktion des zu bestimmenden Stoffes bei konstantem Potential durchführt (potentiostatische Coulometrie), so kann das Verfahren verhältnismäßig selektiv gestaltet werden. Es läßt sich damit der Schadstoffgehalt von Luft und Wasser registrieren. Das resultierende elektrische Signal läßt sich wie bei allen anderen Methoden während definierter Zeitabstände zu Mittelwerten zusammenfassen. Zur Bestimmung von Schadstoffen in der Luft wird ein konstanter Luftstrom durch eine coulometrische Meßzelle geleitet. In der darin enthaltenen Elektrolytlösung

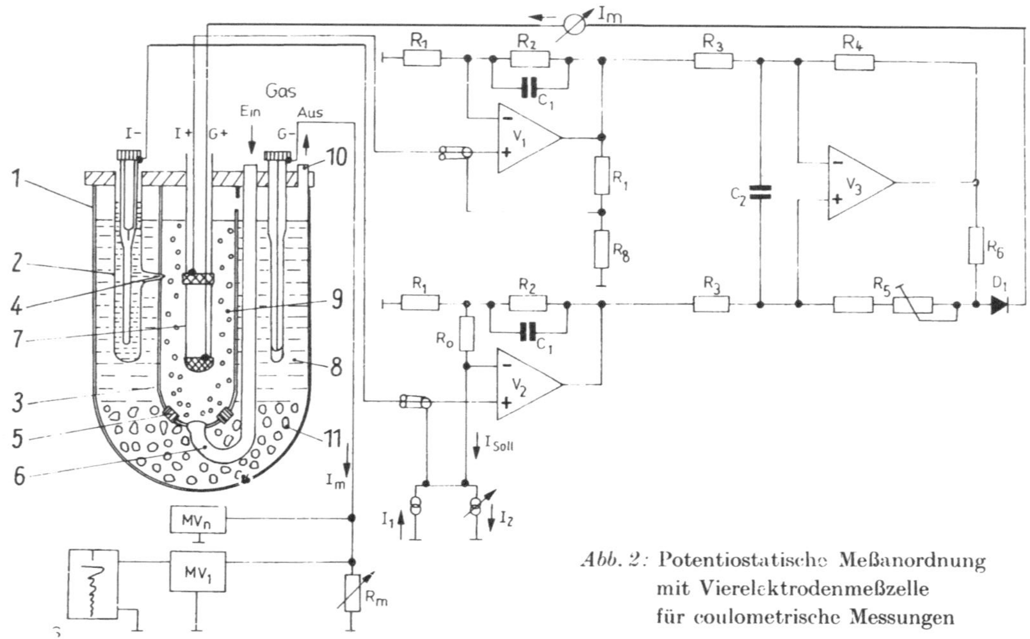

Abb. 2: Potentiostatische Meßanordnung mit Vierelektrodenmeßzelle für coulometrische Messungen

1 — Glasglocke
2 — Elektrolytvorratsgefäß für Bezugselektrode I —
3 — innere Meßzelle
4 — Diaphragma
5 — Fritte
6 — Gasverteiler mit Gaseintritt
7 — Doppelplatinelektrode (I+: Indikatorelektrode) (G+: Generatorelektrode)
8 — Generatorelektrode G —
9 — Reaktionsraum
10 — Gasaustritt
11 — Aktivkohle

wird der Schadstoff absorbiert und durch ein elektrolytisch erzeugtes Reagenz (z. B. Brom) oder direkt an der betreffenden Elektrode oxydiert oder reduziert. Die verbrauchte Ladungsmenge dient zur Bestimmung der Schadstoffe.

Abb. 2 zeigt das Prinzip der potentiostatischen Coulometrie zur Bestimmung von gasförmigen Schadstoffen in der Luft. Die Meßzelle hat zwei Gasanschlüsse für Ein- und Auslaß, zwei Elektrodenpaare, ein Indikator- und ein Generatorelektrodenpaar und eine innere Meßzelle mit einem Gasverteiler. Die innere Meßzelle steht durch einen unteren Frittenboden mit der äußeren Vorratsflüssigkeit und durch die obere Öffnung mit dem Gasauslaß in Verbindung. In der Meßzelle befindet sich ein geringer Überschuß an Titrationsmittel (Br_2 bei Messung von SO_2), dessen Gehalt durch die Platinindikatorelektrode I^+ gegen die äußere Silber-Silberchlorid-Bezugselektrode I- potentiometrisch gemessen werden kann. Enthält das durchströmende Gas SO_2, so wird dieses momentan und vollständig durch das vorhandene Brom titriert. Dabei verringert sich die Bromkonzentration, die ein Maß für das umgesetzte SO_2 ist. Die abnehmende Spannung der Indikatormeßkette und die gegenpolig geschaltete Sollspannungsquelle (im Bild als Stromquelle dargestellt) ergeben eine Differenzspannung, die an der Verstärkereinheit $V1$, $V2$ liegt. Der Verstärker $V3$, dessen Ausgangsklemmen phasenrichtig mit der Generatoranode G^+ in der inneren Meßzelle und der Generatorkatode G^- in der äußeren Zelle verbunden sind, läßt entsprechend der Differenzspannung einen Strom Im durch die Zelle fließen, der an der Anode das fehlende, freie Brom erzeugt, um wieder die ursprüngliche Konzentration zu erreichen. Der am Meßwiderstand Rm entstehende Spannungsabfall erlaubt die Registrierung und Weiterverarbeitung des Meßwertes.

4.2.2.4. Amperometrie

Wird der Schadstoff elektrochemisch reduziert oder oxydiert, so ist unter bestimmten Bedingungen (z. B. konstante Strömungsgeschwindigkeit, konstantes Potential) die Stromstärke seiner Konzentration direkt proportional, wenn der Schadstoff nur durch Diffusion an die Elektrode gelangt, an der er umgesetzt wird. Man kann also dann den Schadstoffgehalt mit Hilfe dieser Diffusionsstromstärke registrieren. Die Amperometrie eignet sich vor allem für die Kontrolle der Emission von Schadstoffen in Abwässern.

Abb. 3. zeigt eine amperometrische Meßanordnung. Die Zelle besteht prinzipiell aus einer polarisierbaren Meßelektrode und einer unpolarisierbaren Gegenelektrode. Das Potential der Meßelektrode gegen die Gegenelektrode wird mittels der Meßpotentialeinstellung so festgelegt, daß es im Grenzstromgebiet der Stromstärke-Potentialkurve liegt. Störeinflüsse von Fremdionen können durch geeignete Wahl des Meßpotentials unterdrückt

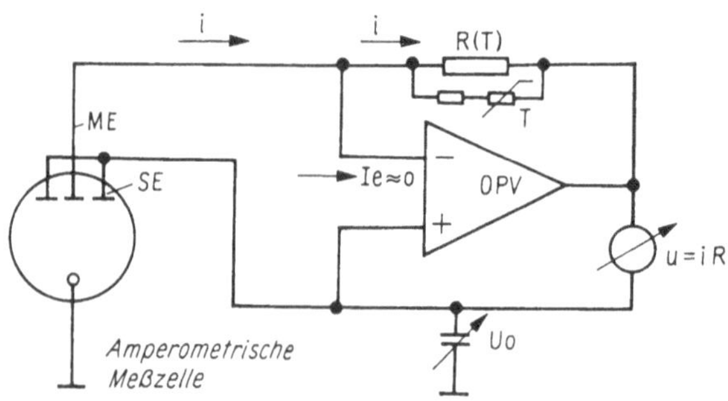

Abb. 3: Einfache amperometrische Meßanordnung mit Schutzringelektrode und konstanter Zellspannung

OPV — hochohmiger Operationsverstärker
+ nicht invertierender Eingang
— invertierender Eingang

U_0 — einstellbare, konstant gehaltene Zellspannung

ME — Meßelektrode

SE — Schutzringelektrode

i — amperometrischer Grenzstrom

R(T) — Meßwiderstand mit Temperaturkompensationsnetzwerk

werden. Die Größe der Diffusionsstromänderung ist vom pH-Wert des Grundelektrolyten, von der Temperatur und vom Aufbau der Meßzelle abhängig. Für den als elektrischen Strom meßbaren Schadstoffdiffusionsstrom gilt unter stationären Bedingungen:

$$i_D = i_{\mathrm{Rest}} + K \cdot c_x$$

i_{Rest} ist ein auch ohne Schadstoffkomponente fließender Reststrom. In die Konstante K gehen die Meßelektrodenoberfläche und diffusionsbestimmende Faktoren (z. B. Geometrie und Permeationskoeffizient der Membran, Temperatur) ein. c_x ist die Konzentration des Schadstoffes.

Die Schutzringelektrode ist ringförmig um die Meßelektrode angeordnet. Sie reduziert in der bekannten Funktion eines Schutzringes den außerhalb des Meßkatodenbereiches vagabundierenden Sauerstoff und verringert die Einstellzeit der Zelle.

4.2.2.5. Kolometrische und elektrometrische Meßverfahren mit Hilfsreaktion

Um gerade bei Immissionsmessungen auf die erforderlich hohe Empfindlichkeit und Selektivität der Meßmethode zu kommen, nutzt man oft eine spezifische Reaktion der gesuchten Komponente mit einem flüssigen, farbigen Reagens aus. Die durch die Reaktion eintretende Farbänderung ist ein Maß für die Konzentration der Schadstoffkomponente und wird kolometrisch ausgewertet. So kann z. B. der chemische Sauerstoffbedarf (*CSB*) ermittelt werden, indem der organische Stoff mit Kaliumbichromat in stark schwefelsaurer Lösung oxidiert und der Bichromatüberschuß kolometrisch gemessen wird. Ähnliche Verfahren können prinzipiell auch zur Kationen- und Anionenbestimmung angewendet werden. Ebenfalls kann durch entsprechende Wahl der Hilfsreaktion ein Nachweis anderer Schadstoffe, wie Chromat, Cyanid, Nitrit, Phosphat, vorgenommen werden.

Elektrometrisch kann die *CSB*-Bestimmung auch vorgenommen werden, indem der für den organisch gebundenen Kohlenstoff zur vollständigen, katalytischen Oxydation verbrauchte Sauerstoff potentiometrisch gemessen wird. Dabei wird in einer Zirkonoxidzelle bei ca. 800°C der Kohlenstoff verbrannt und die an der Meßelektrode abgenommene Spannung mit einer Bezugsspannung, die der ursprünglichen O_2-Konzentration des Brenngases vor der Verbrennung entspricht, verglichen. Aus der Differenzspannung wird mittels eines Spannung-Strom-Umsetzers ein Strom abgeleitet, der in einer zweiten Zirkonoxidzelle, die die Umkehrung des O_2-Meßprinzipes erlaubt, einen Sauerstofffluß erzeugt. Erst bei einer gegen Null gehenden Differenzspannung ist das Sauerstoffdefizit abgebaut. Die dazu notwendige Ladungsmenge ist ein Maß für den Sauerstoffbedarf der Probe [4].

5. Geräte zur elektrochemischen Schadstoffbestimmung

Nach diesen allgemeinen Ausführungen werden einige Geräte für die elektrochemische Schadstoffbestimmung, die im Forschungsinstitut Meinsberg entwickelt worden sind, beschrieben.

5.1. Geräte zur Registrierung und Regelung des pH-Wertes

Die Bestimmung der Wasserstoffionenkonzentration in Abwässern und Oberflächengewässern ist eine der wenigen Analysenmethoden, die direkt durch Potentialmessungen durchgeführt werden können. Die vorwiegend dafür eingesetzten Glaselektroden zeigen über einen großen Konzentrationsbereich ($c_{H^+} = 10^0$ bis 10^{-13} Mol/l) eine streng lineare Änderung des Potentials mit dem pH-Wert (59 mV/pH bei 25°C), der für die belebte Welt der Gewässer verträgliche pH-Bereich liegt etwa zwischen 6 und 7,5. Er ist daher nicht nur leicht meßbar, sondern auch schon durch sehr geringe

Abb. 4: Schwimmerelektrode
Bestehend aus: Schwimmkörper aus PVC, Elektrodenaufnahme, Elektrode und Ableitung

Verunreinigungen an sauren oder basischen Abwässern veränderlich. Daher kann die bekannte Glaselektrodenkette nicht nur zur kontinuierlichen pH- Messung und -Regelung der emittierten Abwässer, sondern auch zur Messung der Immission von pH-verändernden Stoffen in Flüssen dienen.

Eine „Schwimmerelektrode", die direkt im Fluß den pH-Wert registriert, zeigt Abb. 4. Natürlich ist damit nicht feststellbar, welche Säure oder Base die pH-Veränderung herbeiführt. Es muß in diesem Zusammenhang darauf hingewiesen werden, daß man potentiometrisch nicht die Konzentration, sondern die Aktivität der Wasserstoffionen mißt. Bei niedrigen Ionenstärken ist der Unterschied zu vernachlässigen, weil der Aktivitätskoeffizient sehr nahe bei 1 liegt. Bei hohen Salzkonzentrationen kann er aber Werte von 0,1 bis 10 annehmen, und damit ist der pH-Wert von $-\log c_{H^+}$ beträchtlich verschieden.

Andere potentiometrische Bestimmungen, etwa von Cl^-, F^-, NO_3^-, mit ionensensitiven Elektroden sind wegen deren unterer Meßbereichsgrenze (10^{-5} Mol/l) und der unzureichenden Spezifität für Immissionsmessungen in Oberflächenwasser kaum brauchbar.

5.2. Amperometrische Chromat- und Cyanid-Bestimmung in Abwässern

Wenn ein gelöster Stoff an einer Elektrode einer schnellen Redoxreaktion unterliegt:

$$Ox + ne^- \gtrless Red$$

so kann er, wenn er in der oxydierten Form vorliegt, durch Reduktion an einer Katode oder, wenn er in der reduzierten Form vorliegt, durch Oxydation an einer Anode bestimmt werden. Wenn er keine Ladung trägt oder die Lösung soviel eines anderen Elektrolyten (Leitelektrolyt) enthält, daß praktisch nur dieser den Stromtransport übernimmt, dann wird er nur durch Diffusion an die Elektrodenoberfläche gelangen. Wenn er dort so rasch reduziert bzw. oxydiert wird, daß die Oberflächenkonzentration c_0 Null ist, dann bestimmt die durch Diffusion antransportierte Stoffmenge die Stromstärke, d. h. sie ist nach dem 1. FICKschen Gesetz der Konzentration in der Lösung c proportional

$$i_d = (n \cdot F \cdot S \cdot D_0 \cdot \delta^{-1}) \cdot c = K_d \cdot c.$$

Der Diffusionsstrom, den man bei einem Potential, wo $c_0 = 0$ ist, erhält, ist aber nur dann konstant, wenn die in K_d enthaltenen Größen, d. h. die Oberfläche S, der Diffusionskoeffizient D_0 und δ die Dicke der Diffusionsschicht konstant sind (für die FARADAY-Konstante F und die Elektronenzahl n ist das gesichert). Wenn sich die Oberfläche nicht mit schlecht leitenden Produkten belegt, kann S als konstant angesehen werden. D_0 wird konstant bleiben, wenn sich die Zusammensetzung der Lösung nicht wesentlich ändert. δ ist dagegen stark von den hydrodynamischen Bedingungen an der Elektrode abhängig. Neben der für die laufende Kontrolle wenig geeigneten Hg-Tropfelektrode liefert die rotierende Scheibenelektrode, deren hydrodynamischen Bedingungen von LEVICH [5] theoretisch genau untersucht und streng reproduziert sind, eine konstante Diffusionsschichtdicke. Die dazu notwendige hohe und sehr konstante Drehzahl der rotierenden Scheibenelektrode macht aber ihren Einsatz im Dauerbetrieb, auch wegen der Stromzuführung, schwierig. Eine günstigere Möglichkeit besteht darin, die Arbeitselektrode als Kapillarrohr auszubilden, das von der zu untersuchenden Flüssigkeit mit konstanter Geschwindigkeit durchströmt wird. Dabei kommt es auch auf die stabile Anordnung der Gegenelektrode und der Potentialsonde an, die bei Anwendung eines Potentiostaten zur Gewährleistung eines konstanten Potentials der Arbeitselektrode benötigt wird [6, 7].

Eine andere Methode zur Herstellung einer konstanten Diffusionsschicht, die unabhängig von der Strömung und Konvektion der Meßlösung ist, bedient sich einer der Arbeitselektrode fest anliegenden Membran, die für den zu bestimmenden Stoff durchlässig ist und gewissermaßen die Diffusionsschicht bildet. Wenn die Konzentrationsänderung in der Meßlösung nicht zu rasch stattfindet, ist dies ein durchaus brauchbares Verfahren zur kontinuierlichen potentiostatischen Amperometrie, das sich z. B. zur Bestimmung von Hydrazin in Brennstoffzellen bewährt hat [8].

Da sich die Potentialbereiche für die Diffusionsströme verschiedener Elektrodenprozesse erheblich unterscheiden können, kann man bei Anwendung eines Potentiostaten gleichzeitig mehrere elektrochemisch aktive Stoffe bestimmen. In Meinsberg wurde ein Gerät entwickelt, das sowohl CrO_4^{--} durch katodische Reduktion wie CN^- durch anodische Oxydation an einer Goldelektrode zu bestimmen gestattet. Ein Programmgeber schaltet die Arbeitselektrode alternierend auf das gewünschte Potential um, und außerdem wird kurzzeitig ein Potential eingeschaltet, das die Arbeitselektrode durch katodische Gasentwicklung von etwa gebildeten störenden Schichten befreit. Für die Bestimmung der beiden Ionen sind verschiedene pH-Bereiche erforderlich (CrO_4^{--}, pH $\leqq$ 2,5; CN^-, pH $\geqq$ 12), die in der Meßflüssigkeit durch einen pH-Regler eingestellt werden [8].

Das Gerät zur kontinuierlichen amperometrischen Ermittlung von CrO_4^{--} und CN^- gestattet Konzentrationen von 0,1 bis 250 mgl CrO_4^{--} und CN^- mit einem maximalen Fehler von 5% zu bestimmen. Die Stromstärke ist im Bereich von 1 bis 2500 μA der Konzentration proportional. Es hat sich bei der Kontrolle galvanischer Abwässer bewährt. Die für die Emission zugelassenen Konzentrationen von CrO_4^{--} bzw. CN^- liegen im Meßbereich des Gerätes. Für die Immissionen in Oberflächengewässern reicht es allerdings nicht aus. Im Prinzip eignen sich solche Geräte auch zur Bestimmung von Luftverunreinigungen, z. B. von HCN. Dann wird das Gas in einer geeigneten Flüssigkeit absorbiert und, gesteuert mit einem Programmgeber, nach einer bestimmten Zeit, z. B. einer halben Stunde, der Meßzelle zugeführt. Der Meßwert liefert dann den Mittelwert über die betreffende Zeit.

5.3. *Amperometrische Messung des Sauerstoffgehaltes in großen Meerestiefen*

Der Sauerstoffmeßwandler ist ein amperometrisches Meßgerät zur kontinuierlichen Bestimmung des in Gewässern aller Art physikalisch gelösten Sauerstoffs, insbesondere in Seewasser und in großen Meerestiefen. Für die Konstruktion der Meßzelle wurde eine Anordnung nach CLARK [9] gewählt. Danach trennt eine sauerstoffdurchlässige Membran mit bekannter und weitgehend konstanter Dicke das Elektrodensystem einschließlich Elektrolyt von dem Meßmedium ab. Die amperometrische Sauerstoffmessung erfolgt durch katodische Reduktion des gelösten Sauerstoffs, der durch Diffusion an eine Platinmeßkatode gelangt. Diese Katode berührt

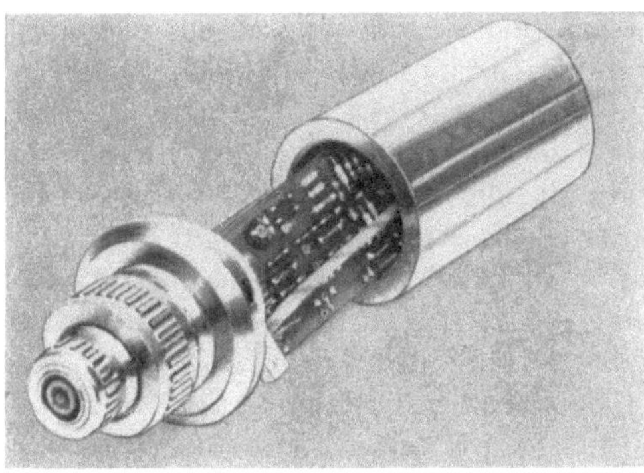

Abb. 5: Sauerstoffmeßwandler
Meßkatode mit Schutzringkatode sichtbar, Elektronikteil geöffnet

direkt die Membran und ist entsprechend der 1. Sauerstoffstufe mit —0,8 V gegen eine 0,65-M-Ag/AgCl-Elektrode polarisiert. Der Sauerstoffdiffusionsstrom ist dann mittels des fließenden elektrischen Stromes auswertbar.

Der Sauerstoffmeßwandler, der mit einem Druckausgleich versehen ist und ein der Sauerstoffkonzentration proportionales Ausgangssignal in Form einer Sinusfrequenz liefert, zeigt Abb. 5.

5.4. *Coulometrische Bestimmung von Luftverunreinigungen, insbesondere für Schwefeldioxid*

Das im Forschungsinstitut Meinsberg (DDR) entwickelte SO_2-Immissionsmeßgerät arbeitet nach dem coulometrischen Prinzip. Ein konstanter

Luftstrom mit Schwefeldioxid durchströmt eine mit KBr und H_2SO_4 gefüllte Meßzelle. Das anodisch erzeugte Br_2 oxydiert das SO_2. Der Überschuß von Br_2 wird durch Indikatorelektroden angezeigt und zur Steuerung des Generatorstromes benutzt, der dem SO_2-Gehalt proportional ist. Das Gerät ist mit einer elektronischen Integrationseinrichtung ausgerüstet, um gleichzeitig zum Momentanwert auch den Mittelwert, z. B. über 15 Minuten, anzeigen zu können.

Abb. 6 zeigt das SO_2-Meßgerät, das aus dem Analysenteil, dem Elektronikteil und den beiden Schreibern besteht.

Um den störenden Einfluß des temperaturabhängigen Nullstromes (= Aufnahme von Titrationsmittel durch den Gasstrom, der keine Meßkomponente enthält) auszuschalten, muß entweder eine im Temperaturgang genau gegenläufige Nullstromkompensation vorgenommen oder die Meßzelle muß mitsamt der Meßflüssigkeit temperiert werden. Eine weitere Möglichkeit zur Ausschaltung des Temperaturganges bietet die vom Forschungsinstitut Meinsberg entwickelte Differenzmeßzelle (DDR-Patent angemeldet), bei der der Gasstrom nacheinander zwei völlig symmetrische, innere Zellen, zuerst die eigentliche Meßzelle und dann die Vergleichszelle, durchströmt. Durch die beiden Zellen wird ein konstanter Nullstrom hindurchgeschickt, in diesem Falle ist also die Nullkonzentration temperaturabhängig. Die Vergleichszelle wird nur von reiner Luft durchströmt, was durch ein zusätzliches Filter garantiert wird. Das Indikatorelektrodenpotential spiegelt den Temperatureinfluß wider, der sich in der Meßzelle ebenso bemerkbar macht. Die beiden Indikatorelektrodenpotentiale werden nun auf die beiden Eingänge einer Differenzverstärkeranordnung gegeben. Das Differenzsignal enthält dann in 1. Näherung nur noch die zum Aussteuern des Elektrolysestromes notwendige Regelabweichung, aber keinen temperaturbedingten Nulleffekt mehr. Die Differenzanordnung gestattet daher, in der Vergleichszelle den Nulleffekt nach eben dem Mechanismus nachzubilden, wie er auch in der eigentlichen Meßzelle auftritt, und damit für eine vollständige Kompensation bei allen Temperaturen auszunutzen. Außer der Temperaturunabhängigkeit hat die Differenzmeßzelle als weitere Vorteile ein konstantes und stabiles Nullverhalten, was zur Erhöhung der Ansprechschwelle führt, ein verbessertes Einlaufverhalten und erlaubt den Wegfall der Bezugselektrode und der Sollspannung. Abb. 7 zeigt die Vierelektrodendifferenzmeßzelle in potentiostatischer Meßanordnung für coulometrische Messungen.

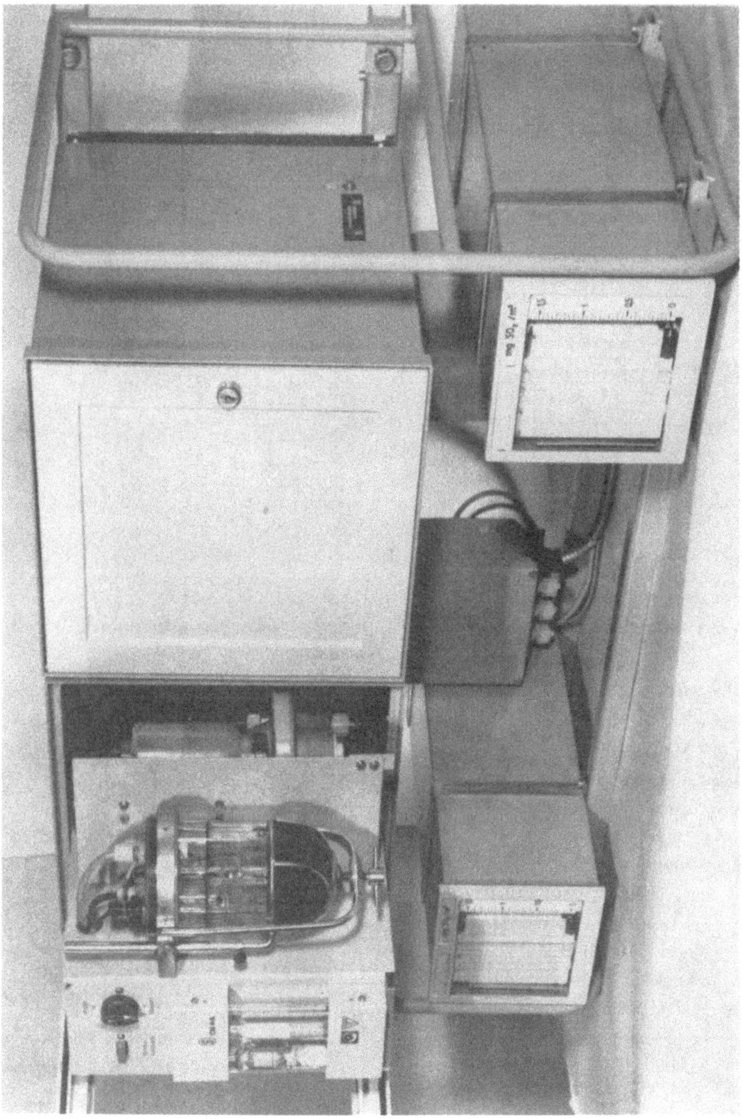

Abb. 6: SO_2-Immissionsmeßgerät

Oben links: Analysatorteil; oben rechts: Elektronikteil; darunter: Schreiber für Momentan- und Mittelwertanzeige

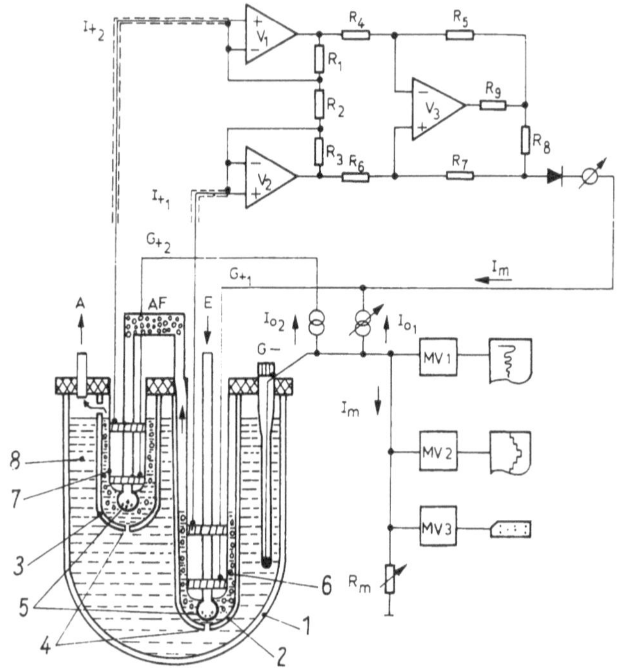

Abb. 7: Vierelektrodendifferenzmeßzelle in potentiostatischer Meßanordnung für coulometrische Messungen

Differenzmeßzelle

1 — äußerer Meßzellenbecher
2 — innere Meßzelle
3 — innere Vergleichszelle
4 — Verbindungsöffnungen
5 — Gasverteiler
6 — Doppelelektrode der Meßzelle mit I_{+1}-Indikatorelektrode G_{+1}-Generatorelektrode (Anode)
7 — Doppelelektrode der Vergleichszelle mit I_{+2}-Indikatorelektrode G_{+2}-Generatorelektrode (Anode)
8 — Vorrat an Meßzellenflüssigkeit
E — Gaseintritt
A — Gasaustritt
AF — Aktivkohlefilter

Meßanordnung

V_1, V_2 — hochohmige Differenzverst. in gekoppelter Elektrometerschaltung
V_3 — Differenzverstärker im Spannungs-Stromumsetzer
Im — eingeprägter Meßstrom
I_{01}, I_{02} — konstante Nullstromeinspeisung für Meß- und Vergleichszelle
G — gemeinsame Generatorelektrode (Katode)
MV 1,2,3 — Meßwertverarbeitungsanordnungen für Momentan- und Mittelwert sowie Druckerausgabe

5.5. Gerät zur Messung des biologischen Sauerstoffbedarfs in Gewässern und Abwässern

Das Gerät arbeitet nach dem Leitfähigkeitsprinzip. Der von der Probe die in einem Meßgefäß magnetisch gerührt wird, aufgenommene Sauerstoff vermindert das Volumen eines Luftraumes. Die aufgetretene Niveauänderung wird mittels einer Leitfähigkeitsmessung bestimmt. Damit kann nicht nur der Gesamtbedarf der Probe gemessen werden, sondern auch die Geschwindigkeit der Aufnahme des Sauerstoffs registriert werden.

Abb. 8 und 9 zeigen das Prinzip und das Gerät für die *BSB*-Bestimmung.

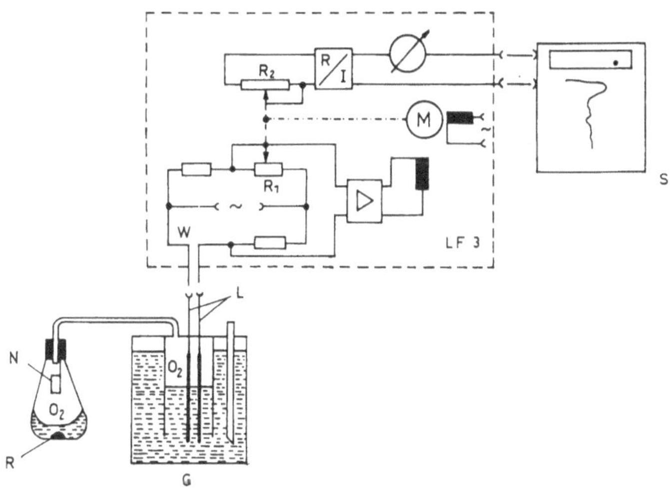

Abb. 8: Prinzip der BSB Meßeinrichtung

Niveauänderungen im Gasometer, die durch Verbrauch von O_2 im Reaktionsgefäß verursacht werden, dienen zur Leitfähigkeitsänderung zwischen den Elektroden; dies wird mit dem Leitfähigkeitsmeßgerät gemessen und durch den Schreiber registriert.

R	– Reaktionsgefäß mit Magnetrührer und Probe	*W*	– Wheatstone Brücke
N	– Natronkalk-CO_2-Adsorber	*M*	– Stellmotor
G	– O_2-Gasometer	R_1	– Abgleichpotentiometer
L	– Leitfähigkeitselektroden	R_2	– mit R_1 gekoppelt
*LF*3	– Leitfähigkeitsmeßgerät	*S*	– Schreiber

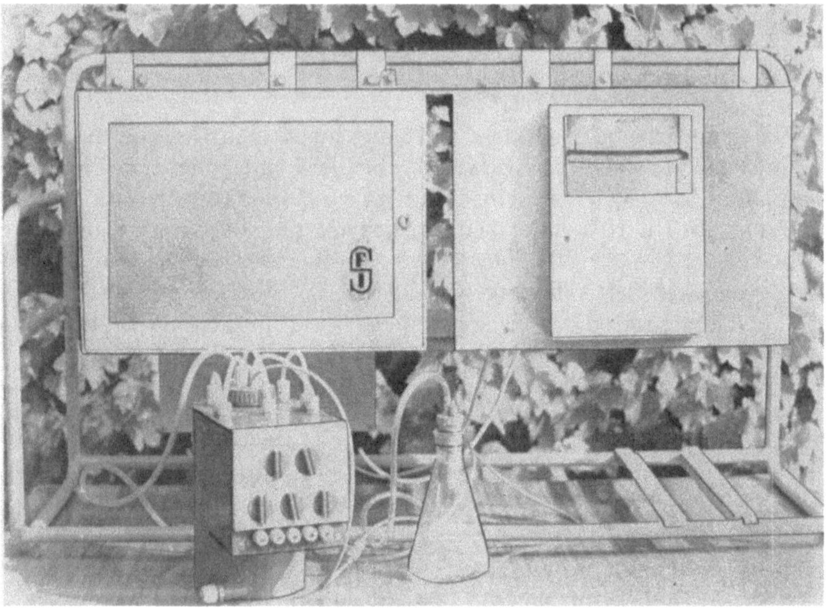

Abb. 9: BSB-Meßgerät

Oben links: Leitfähigkeitsmeßgerät LF 3; oben rechts: Schreiber; vorn rechts: Reaktionsgefäß mit Probe; vorn links: O_2-Gasometer mit Meßbereichsumschaltern

6. Schlußfolgerungen

Elektrochemische Methoden, die keine Universalität der Identifizierung bezüglich organischer Noxen darstellen, können nur mit dem gleichzeitigen Einsatz von optischen Methoden ein einigermaßen komplettes Programm der Schadstofferkennung gewährleisten. Bei den optischen Methoden spielt die Anwendung von Laser eine hervorragende Bedeutung. Da gerade in der DDR eine gute optische Industrie mit großer Tradition beheimatet ist, kann von unserem Land ein wertvoller Beitrag zur Analytik des Umweltschutzes geleistet werden. Das Forschungsinstitut Meinsberg bemüht sich um die Anwendung elektrochemischer Verfahren zur Schadstofferkennung.

An die Identifikation der Schadstoffe muß sich logischerweise deren Beseitigung oder Reduzierung anschließen. Dies ist mit einem sehr hohen

Kostenaufwand verbunden und verlangt gleichzeitig internationales Vorgehen. Es genügt also nicht, wenn ein Land sehr kostspielige Maßnahmen ergreift und ein anderes hingegen Luft und Wasserläufe aus ökonomischen Gründen beliebig belastet.

Die Zukunft unserer Welt wird nur dann positiv sein, wenn alle Menschen ihre Ethik darauf ausrichten, durch Rücksichtnahme und Beschränkung ihrer Ansprüche das Leben für alle Menschen erträglich zu machen.

Wir können nur dann optimistisch sein, wenn die Philosophie und die Staatsform sich undoktrinär und weltweit durchsetzt, die das Miteinander und Füreinander als oberstes Prinzip unnachgiebig verfolgt.

LITERATUR

[1] JENSEN, S.: „*The PCB story*", Ambio **1** (1972) 4, S. 123–131

[2] SCHWABE, K.: „pH-*Meßtechnik*", Steinkopff-Verlag Dresden 1963

[3] ENGELHARDT, H.: „*Automatische Analysengeräte für die Immisionsmessung*", Elektro-Anzeiger **25** (1972) 10, S. 185–188

[4] — „*Elektrische Meßgeräte für den Umweltschutz*", ZVEI Frankfurt/Main BRD 1973

[5] LEVICH, W. G.: „*Physikalisch-chemische Hydrodynamik*", Staatlicher Verlag der physikalisch-mathematischen Literatur, Moskau 1959

[6] FRITZE, U.: „*Polarographische Betriebsanalysengeräte mit Diffusionsmembran-Elektrode*", Chemie-Ingenieur-Technik **44** (1972) 21, S. 1210–1215

[7] SCHUBERT, CHR.: „*Beiträge zur Entwicklung einer Hydrazin-Luft-Batterie*", Dissertation, TU Dresden, Sektion Chemie 1972

[8] EBOCK, V.: „*Amperometrische Cyanid- und Chromatmessungen in Abwässern*", Vortrag, gehalten auf der „IMEKO", Dresden 1973

[9] CLARK, L. C., GOLLAN, F., GUPTA, V.: Science **111** (1950) 85

SITZUNGSBERICHTE DER SÄCHSISCHEN AKADEMIE DER WISSENSCHAFTEN ZU LEIPZIG

MATHEMATISCH-NATURWISSENSCHAFTLICHE KLASSE

Band 107

Heft 1 Prof. Dr. OTT-HEINRICH KELLER, Die Homologiegruppen der Flächen 3. Ordnung 1965. 15 Seiten — 8° — M 2,30

Heft 2 Prof. Dr. FRANZ RUNGE, Grignard und die nach ihm benannte Synthese 1966. 17 Seiten — 3 Abbildungen — 8° — M 2,30

Heft 3 Prof. Dr. KARL SCHMALFUSS, Zur Kenntnis der Bodenbildung 1966. 13 Seiten — 4 Tabellen — 8° — M 1,40

Heft 4 Dr. BODO RENSCHUCH, Verallgemeinerungen des Bezoutschen Satzes 1966. 41 Seiten — 8° — M 4,50

Heft 5 Prof. Dr. med. ROLF EMMRICH, Realität und Theorie des Alterns 1966. 20 Seiten — 9 Abbildungen — 8° — M 2,60

Heft 6 Prof. Dr. WILHELM MAIER, Nichteuklidische Volumina 1967. 20 Seiten — 16 Abbildungen — 8° — M 2,80

Heft 7 Dr. LOTHAR VON WOLFERSDORF, Zur Berechnung optimaler Strategien für Spiele über dem Einheitsquadrat mit an der Hauptdiagonalen unstetigen Auszahlungsfunktionen 1967. 53 Seiten — 8° — M 5,70

Band 108

Heft 1 Prof. Dr. PAUL GÖRLICH / Dipl.-Phys. DETLEF GÜLDNER / Dr. HANS-JOACHIM POHL, „Elektronische Spektralmessung“ mit steuerbaren Photovervielfachern 1967. 12 Seiten — 9 Abbildungen — 1 Tabelle — 8° — M 2,10

Heft 2 Prof. Dr. MANFRED GERSCH, Neuroendokrinologie der Insekten 1968. 33 Seiten — 12 Abbildungen — 1 Kunstdrucktafel — 8° — M 4,20

Heft 3 Prof. Dr. HASSO ESSBACH, Die Bedeutung der Morphologie in der Heilkunde 1968. 16 Seiten — 1 Textabb. — 13 Abb. auf 8 Kunstdrucktaf., davon 11 vierfarbig — 8° — M 12,80

Heft 4 Prof. Dr. OTT-HEINRICH KELLER, Über eine Definition von S. Lefschetz in der topologischen Schnitttheorie 1969. 29 Seiten — 1 Abb. — 8° — M 4,20

Heft 5 Prof. Dr. WOLFGANG TUTSCHKE, Das Reziprozitätstheorem für eine Klasse pseudoholomorpher Funktionen mehrerer komplexer Variabler 1969. 19 Seiten — 8° — M 3,30

Heft 6 Prof. Dr. WALTER BREDNOW, Von Lavater zu Darwin 1969. 31 Seiten — 14 Abbildungen im Anhang — 8° — M 5,50

Heft 7 Prof. Dr. FRANZ RUNGE, Organische Disulfimide in Wissenschaft und Technik 1970. 24 Seiten — 2 Abbildungen — 8° — M 3,60

Band 109

Heft 1 Prof. Dr. ERICH RAMMLER, Über die Theorien der Braunkohlenbrikettentstehung. 1970. 38 Seiten — 13 Abb., davon 2 auf 2 Tafeln — 8° — M 4,—

Heft 2 Prof. Dr. WOLFGANG TUTSCHKE, Stammfunktionen komplexwertiger Funktionen 1970. 20 Seiten — 8° — M 3,70

Heft 3 Dr. habil. GÜNTHER EISENREICH, Zur Syzygientheorie und Theorie des inversen Systems perfekter Ideale und Vektormoduln in Polynomringen und Stellenringen 1970. 88 Seiten — 8° — M 10,80

Heft 4 Prof. Dr. med. Rolf Emmrich, Hochdruck und Hyperlipidämie (Hypercholesterinämie) als Risikofaktoren für die Entstehung der Arteriosklerosen
1971. 23 Seiten — 10 Abbildungen — 4 Tabellen — 8° — M 3,90

Heft 5 Prof. Dr. Hans Drischel, Biologische Rhythmen
1972. 57 Seiten — 31 Abbildungen — 1 Tabelle — 8° — M 6,60 (*vergriffen*)

Heft 6 Prof. Dr.-Ing. Dr. h. c. Kurt Schwabe, Konzentrierte Elektrolytlösungen — Thermodynamische und kinetische Eigenschaften
1972. 49 Seiten — 27 Abbildungen — 2 Tabellen — 8° — M 7,50

Heft 7 Prof. Dr. Wolfgang Tutschke, Konstruktion von globalen Lösungen mit vorgeschriebenen Singularitäten bei partiellen komplexen Differentialgleichungssystemen 1972. 24 Seiten — 8° — M 4,50

Band 110

Heft 1 Prof. Dr. Dr. h. c. Paul Görlich, Über die Laser und ihre Anwendung
1972. 24 Seiten — 8° — M 2,30

Heft 2 Prof. Dr. Hasso Essbach, Zum Problem der Tumoren im Kindesalter
1972. 24 Seiten — 11 Abbildungen auf 10 Kunstdrucktafeln — 8° — M 6,—

Heft 3 Prof. Dr. med. Walter Brednow, Zur Anthropologie des Schwindels
1973. 17 Seiten — 2 Abbildungen auf 2 Kunstdrucktafeln — 8° — M 2,50

Heft 4 Prof. Dr. h. c. Paul Görlich, Betrachtungen über den Wissenschaftlichen Gerätebau 1973. 39 Seiten — 8° — M 3,—

Heft 5 Prof. Dr. Erich Rammler, Einige Betrachtungen über Erdgas
1974. 43 Seiten — 8 Abbildungen — 3 Tabellen — 8° — M 4,50

Heft 6 Prof. Dr. Gustav E. R. Schulze, Zur Rolle des Einfachheitsprinzips im physikalischen Weltbild. 1974. 23 Seiten — 4 Abbildungen — 8° — M 2,50

Heft 7 Prof. Dr. med. Rolf Emmrich, Zwischen Leben und Tod. Ärztliche Probleme der Thanatologie
1974. 22 Seiten — 2 Abbildungen — 4 Tabellen — 8° — M 3,50

Band 111

Heft 1 Prof. Dr. Wilhelm Maier, Vom Erbe Bernhard Riemanns
1975. 13 Seiten — 8° — M 2,50

Heft 2 Prof. Dr. med. Hans Drischel, Organismus und geophysikalische Umwelt
(In Vorbereitung)

Heft 3 Prof. Dr. Maria Hasse, Zum Begriff des allgemeinen Produkts von Kategorien 1975. 30 Seiten — 8° — M 5,—

Heft 4 Prof. Dr.-Ing. Dr. h. c. Kurt Schwabe, Analytische Probleme des Umweltschutzes *(Vorliegendes Heft)*

Heft 5 Prof. Dr. Wolfgang Buchheim, Die kopernikanische Wende und die Gravitation *(In Vorbereitung)*

Einzel- oder Fortsetzungsbestellungen durch eine Buchhandlung erbeten

Sitzungsberichte bis Band 106
durch das Zentralantiquariat der Deutschen Demokratischen Republik, Leipzig,
ab Band 107 durch den Akademie-Verlag, Berlin, zum Teil noch lieferbar

AKADEMIE-VERLAG
DDR-108 Berlin, Leipziger Str. 3—4

FSC
www.fsc.org
MIX
Papier | Fördert
gute Waldnutzung
FSC® C083411

Zeitfracht Medien GmbH
Ferdinand-Jühlke-Straße 7
99095 Erfurt, Deutschland
produktsicherheit@kolibri360.de